AF596413

DÉPARTEMENT DE LA GIRONDE.

ENSEIGNEMENT AGRICOLE.

A MONSIEUR LE CONSEILLER D'ÉTAT, PRÉFET,
A MESSIEURS LES MEMBRES DU CONSEIL GÉNÉRAL,
A MESSIEURS LES MEMBRES DES CONSEILS D'ARRONDISSEMENTS,
DU DÉPARTEMENT DE LA GIRONDE.

MESSIEURS,

L'enseignement public et gratuit des principes de la science agricole compte maintenant, dans le département de la Gironde, *sept années d'existence* (1). Durant ce temps, il ne s'est guère passé de session du Conseil-Général, sans que cette assemblée n'ait fixé son attention

(1) Le Cours d'Agriculture fondé dans le département de la Gironde, l'a été en 1837, par décision de M. Martin (du Nord) alors ministre de l'Agriculture et du Commerce. Les cours d'Agriculture fondés à Paris remontent à l'année 1836. Après ceux-là, c'est celui de la Gironde qui est le plus ancien : *C'est nous qui pouvons revendiquer l'honneur d'avoir le premier introduit*

sur cette utile institution, en vue d'assurer et d'étendre de plus en plus le bien qu'elle peut produire.

---

l'enseignement agricole dans les départements. Les Cours de *Rouen*, de *Rennes*, de *Quimper*, de *Besançon*, de *Toulouse*, de *Foix*, de *Rhodez*, etc.., ne sont venus que postérieurement.

Dans l'impossiblité où nous sommes de transcrire ici, en son entier, l'importante délibération par laquelle la ville de Bordeaux voulut bien s'associer à la fondation dont il s'agit, nous nous bornerons à rapporter les considérants de cette délibération et les articles qui furent votés, par le Conseil Municipal, conformément au rapport lumineux présenté, au nom de la Commission d'instruction publique, par le très honorable M. Mathieu.

« Sur quoi :

» Vu la lettre écrite par le Comice agricole central de Bordeaux, le 9 Octobre dernier à M. le Maire, pour réclamer l'adhésion du Conseil Municipal à la création d'une Chaire d'Agriculture ;

» Vu la lettre écrite le 6 de ce mois par M. le Préfet à M. le Maire, annonçant que M. le Ministre des Travaux publics, de l'Agriculture et du Commerce est déterminé à créer cette Chaire, si la ville consent à *fournir le local pour la tenue du cours et à se charger des frais autres que ceux du traitement du professeur.*

» Après avoir entendu un rapport de la Commision d'instruction publique et en adoptant les motifs et les conclusions, le Conseil Municipal de la ville de Bordeaux, Délibère :

» Article 1er : M. le Maire est invité à fournir un local, soit dans l'un des établissements scientifiques de Bordeaux, soit à l'Hôtel-de-Ville, pour l'établissement d'une Chaire d'Agriculture que le gouvernement est dans l'intention de créer.

De notre côté, Messieurs, bien que chaque année aussi nous ayons cru devoir rendre un compte exact de l'exercice qui venait de finir, nous pensons néanmoins que le moment est venu d'entrer dans des détails plus circonstanciés sur la mission qui nous a été confiée, que nous avons remplie avec zèle et dévouement; de faire un exposé général des considérations qui y ont donné lieu; des principes qui ont dirigé son application; des résultats qui ont pu être signalés; enfin de l'extension qu'elle pourrait encore recevoir, dans l'intérêt de l'agriculture départementale.

Cette communication franche et complète n'est pas seulement une formalité, un moyen de nous recommander auprès de vous, Messieurs, elle est avant tout, de notre part, un témoignage de haute, de respectueuse déférence, que nous voulons offrir aux hommes dévoués, aux admi-

---

» Art. 2. Les frais de cet établissement, autres que ceux du traitement du professeur, que le gouvernement veut bien offrir de supporter, sont mis à la charge de la ville.

» Art. 3. Une allocation de 500 fr. sera portée annuellement, à compter de 1838, au budget de la ville pour couvrir ces frais.

» Art. 4. La présente délibération sera adressée à M. le Préfet avec invitation de transmettre à M. le Ministre des Travaux publics, etc..., les remercîments du Conseil Municipal.

» Fait et délibéré à l'Hôtel-de-Ville de Bordeaux, le 20 Novembre 1837.

» Pour expédition conforme.

» L'adjoint du Maire :

» *Signé*, MATHIEU ».

nistrateurs habiles, qui ont daigné à maintes reprises louer notre zèle, encourager nos efforts ; elle est une manifestation de ce vif désir que nous avons d'appeler de plus en plus leur attention sur l'œuvre qui nous est confiée.

§ I.

CONSIDÉRATIONS QUI ONT DONNÉ LIEU A L'ÉTABLISSEMENT DES COURS D'AGRICULTURE EN GÉNÉRAL, ET PAR CONSÉQUENT A CELUI DU DÉPARTEMENT DE LA GIRONDE.

Après les luttes politiques de la fin du XIXe siècle, qui ont assuré l'émancipation sociale ; après les guerres de l'empire, qui ont momentanément suspendu les ambitions individuelles, en les confondant toutes dans celle de la nation ; après la restauration, qui s'est épuisée en vains efforts pour ramener les Français aux idées, aux mœurs, qui avaient fait leur bonheur en d'autres temps; enfin après la révolution de Juillet, qui a su concilier les exigences de la paix, de l'ordre, avec les conséquences d'un régime de liberté et d'égalité, un grand, un immense mouvement devait se manifester : celui résultant des efforts de chacun pour améliorer sa position, pour profiter des facilités qu'offraient, sous ce rapport, les bienfaits de l'instruction publique, l'égale admission de tous, à toutes les professions, à tous les emplois.

Ce mouvement, Messieurs, conséquence forcée des choses et des profonds changements qu'elles avaient subis, en supposant même qu'il n'y ait pas eu excès, désordre, dans sa manifestation, il est impossible de nier que l'état de la société, les ressources qu'elle possède pour l'utilisation des capacités, des capitaux, des bras, aient pu y répondre complètement ; il est impossible de ne pas reconnaître que d'autres voies doivent être ouvertes à l'activité qui se manifeste de toute part et qu'excitent sans cesse l'émulation, l'exemple du succès : ce désir bien naturel, bien légitime, d'ajouter à son bien-être : cette louable générosité avec laquelle le gouvernement distribue à tous le pain qui nourrit, qui développe l'intelligence.

Au milieu de ces circonstances, bien dignes des hautes méditations des hommes du gouvernement, des vôtres, Messieurs, l'Agriculture est apparue ; l'attention publique s'est fixée sur elle, comme les regards du navigateur, qu'une tempête menace, se portent avec empressement sur ce point éloigné qui lui décèle une terre, un port où il pourra se réfugier.

Le pouvoir a vu en elle un champ immense dans lequel pourront trouver à s'employer, à se distinguer, les hommes venus trop tard pour avoir place ailleurs.

Les sujets assez raisonnables, pour ne pas accuser ce pouvoir des difficultés qu'ils éprouvaient à suivre les seules routes frayées jusque-là, ont pris avec confiance cette direction, où plusieurs déjà ont pu obtenir d'heureux résultats, pour eux-mêmes et pour le bien du pays.

Ce qui a fait, qu'on ne s'y trompe pas, la popularité, la gloire de l'illustre Mathieu de Dombasle, bien plus encore que son profond savoir, c'est qu'il a été le premier, de nos jours, à signaler l'agriculture, les occupations agricoles, à l'attention publique ; le premier à démontrer de nouveau, par ses travaux, ses exemples, ses éloquents écrits, ces paroles si variées, ces idées plus variées encore, du grand orateur romain : « Mais de tous les moyens

» d'acquérir, il n'y en a pas de plus fécond, de plus noble, » ni qui fournisse tant de plaisirs que l'agriculture (1) ».

C'est encore en considérant l'agriculture de ce point de vue élevé, en reconnaissant, comme nous-même l'avons dit plusieurs fois, que les tendances, les besoins moraux de l'époque se réunissaient pour faire de l'art des Caton, des Varron, des Columelle, une véritable *institution sociale*, qu'un ministre du Roi, proposant l'institution des cours d'agriculture, a pu dire à Sa Majesté, ces paroles profondément vraies : « De toutes part se fait sentir en France le besoin de l'enseignement agricole.... (2) ».

Qni oserait nier effectivement qu'il n'appartienne à l'occupation, sous l'influence de laquelle se développa la civilisation, sous l'influence de laquelle naquirent ces idées d'ordre, d'économie, de modération, de véritable dévouement, qui fondent et conservent les nations ; qui oserait nier, disons-nous, qu'il ne lui appartienne encore de rendre à notre société régénérée toutes ces garanties précieuses de conservation et de durée, qu'elle réclame avec tant d'instances.

§ II.

IDÉE QUE NOUS NOUS SOMMES FAITE DE L'ENSEIGNEMENT AGRICOLE QUI NOUS A ÉTÉ CONFIÉ.

Appelé à professer *le premier Cours d'Agriculture institué dans les départements*, c'est sous l'influence des

---

(1) Cicéron : *Offices*.

(2) Rapport fait au Roi par M. Passy, alors ministre des Travaux publics et du Commerce, sur la nécessité d'établir, au conservatoire royal des arts et métiers de Paris, un enseignement public et gratuit de l'agriculture.

idées ci-dessus exposées que nous avons reçu cette difficile mission ; et voilà ce qui fait que nous n'avons jamais cru aux prédictions qui nous étaient faites alors : d'un succès de curiosité d'abord et d'un abandon complet dans la suite.

Et voilà ce qui explique aussi pourquoi nous ne nous sommes pas défié de notre talent ; pourquoi nous avons placé et avec juste raison toute notre confiance, tout notre espoir de succès, dans l'utilté, l'incontestable utilité, des principes que nous devions propager.

Où c'est-il, effectivement, que se rencontrent en plus grand nombre, d'abord, les jeunes gens que le désir de s'instruire éloigne de leur famille, puis ensuite, ceux que préoccupe le besoin d'utiliser les connaissances acquises, si ce n'est dans les villes, dans les grands centres de civilisation et de lumière ?

Où c'est-il, effectivement, que l'on rencontre ces hommes désenchantés, désabusés, souvent découragés, par les obstacles trop nombreux, les difficultés trop réelles, qu'il faut vaincre pour s'engager dans des carrières dès longtemps encombrées, si ce n'est encore dans les villes ? (1)

Oui c'est dans les villes, dans les grands centres de population, là où est entretenu avec tant de soins le foyer de l'instruction publique ; là où se donnent rendez-vous les hommes recherchant cette instruction, qu'il est prudent, sage, nécessaire d'établir aussi pour l'agriculture un

---

(1) Ces mêmes considérations furent développées avec force devant la Chambre des Députés, en 1838, par l'honorable M. Vuitry, député de l'Yonne, alors rapporteur du budget de l'agriculture.

moyen de propagation des principes constituants cette science, un moyen de recommandation de la vaste carrière qu'elle offre aux intelligences, aux bras, aux capitaux.

« Quand nos fils, écrivait dernièrement l'un des plus » savants agronomes de l'époque : M. le comte de Gas- » parin, quand nos fils, après avoir terminé leur éduca- » tion scientifique, reviennent dans leurs foyers, ils pos- » sèdent sans doute tous les instruments d'une étude sé- » rieuse de la science agricole : ils ont appris la physique, » la chimie, l'histoire naturelle, l'économie politique; » mais rien n'a porté leurs pensées vers l'application de » ces connaissances, à l'art qui est la base de leur fortune. » Combien ne leur serait-il pas utile d'avoir vu d'habiles » professeurs employer les sciences physiques à résoudre » les problêmes variés que présentent la végétation et la » culture! Quelle excellente préparation pour jeter de » l'intérêt sur les procédés agricoles, pour les relever à » leurs yeux, pour leur apprendre à s'en préoccuper et à » les juger!...... Nous nous plaignons que notre jeunesse » déserte de toutes parts les champs pour les professions » libérales : sachons-lui apprendre tout ce qu'il y a de » noble, de relevé, de curieux, d'attachant dans la car- » rière qu'elle dédaigne; rappelons-lui qu'à côté du labeur » manuel il y a aussi le travail intellectuel; rattachons-la » à la terre par les mobiles qui agissent le plus sur les » jeunes esprits (1) ».

---

(1) Qu'on nous permette de transcrire ici un passage d'une lettre que nous écrivait, le 21 Avril 1844, l'auteur de ces lignes; M. le comte de Gasparin, ancien ministre, Pair de France, auteur de nombreux et importants ouvrages d'agricul-

§ III.

DIRECTION ET BUT DE NOTRE ENSEIGNEMENT.

L'agriculture a des principes fixes, invariables, sur lesquels s'appuie la grande, la difficile science qu'elle constitue.

Ces principes, nous le disons avec un profond regret, car c'est là une des causes capitales du peu de progrès de l'agriculture, sont généralement ignorés ; non pas seulement par les hommes que leur position sociale met à même de ne prêter à la culture qu'un concours purement mécanique ; mais aussi par ceux qui devraient féconder de leur intelligence la base des opérations agricoles : la terre, cette terre si bonne, si généreuse et à propos de laquelle

---

ture. » J'ai reçu et lu avec intérêt vos leçons sur l'agriculture » que vous faites à Bordeaux. Vous êtes dans une excellente » direction et vos auditeurs trouveront un grand avantage à » suivre un professeur qui sait si bien qu'aujourd'hui la prati- » que doit s'éclairer au flambeau des sciences physiques et » naturelles ».

Voici également ce que daignait nous faire écrire Son Altesse Royale Mgr le duc de Nemours, sur le même sujet.

Tuileries, le 29 Mars 1844.

« Mgr le duc de Nemours a reçu la lettre que vous lui avez adressée. S. A. R. me charge de vous remercier de l'hommage que vous avez bien voulu lui faire de vos importantes leçons et de vous exprimer, en même temps, qu'elle ne verra jamais, sans un vif intérêt, les efforts éclairés comme les vôtres, qui seront tentés en faveur de l'Agriculture...., etc. »

le naïf Bernard de Palyssi *s'esmerveillait qu'elle ne criât vengeance en se voyant journellement violée.*

Et pourtant, disait naguère un des hommes qui ont jeté récemment le plus de lumière sur les pratiques culturales, dans aucune industrie l'application de principes judicieux n'a des effets plus salutaires et plus prompts que dans cet art si noble et si utile de l'agriculture (1).

C'est donc à répandre ces principes que doit s'attacher un homme chargé de professer un cours d'agriculture et non à recommander de séduisantes théories ; à proner, à l'exclusion de toutes les autres : comme cela se fait trop légèrement dans le monde, dans certains écrits, telles ou telles méthodes qui pourraient bien, malgré leur succès sur un point déterminé, ne pas être avantageuses partout ; car, vous le savez, Messieurs, la culture quant à son application, change avec la nature de la terre, avec celle du climat, avec les besoins, les mœurs, les habitudes de chaque localité.

Comme le professeur de droit, comme celui de médecine, ce sont les principes, ce sont les bases fondamentales de la science que doit développer le professeur d'agriculture. Or, *la science agricole*, selon les belles expressions de l'illustre Thaër, *ne fixe aucune règle positive, mais elle développe les motifs d'après lesquels elle découvre le meilleur procédé possible, pour chaque cas éventuel, qu'elle apprend à distinguer avec précision.*

Rappelons aussi ces judicieuses paroles du grand agronome que vient de perdre la France : « Le meilleur agri-

(1) J. Liebig : *Chimie organique appliquée à la physiologie végétale et à l'Agriculture.*

» culteur est celui qui parvient à discerner les pratiques » qui conviennent le mieux aux circonstances dans les- » quelles on se trouve placé ». (1)

Nous avons donc pensé, Messieurs, que nous ne devions qu'avec une circonspection extrême donner des conseils de réforme: surtout de réforme radicale. Nous avons pensé que chaque localité ayant ses méthodes de culture, fondées sur le temps, l'expérience des siècles, l'entente des circonstances et des besoins de la contrée, il convenait surtout et avant tout de rechercher les causes de ces méthodes, pour leur procurer le perfectionnement que réclame, il est vrai, le plus grand nombre d'entre elles. Sous ce

---

(1) En général, on s'exagère les exigences de l'application de l'enseignement agricole, et c'est là un grand mal, un mal qui met obstacle à cette application, partout cependant reconnue indispensable. Telle que la conçoit la plupart des hommes, cette application absorberait vingt et trente fois le budget du ministère de l'Agriculture; car les fermes-modèles, les écoles d'application, sont des établissements qui coûtent énormément, et qui ne donnent pas de bénéfices, à bien peu d'exceptions près. Répandre les principes de la science et laisser à l'intérêt privé le soin de les appliquer, de les féconder : tel est, ce nous semble, le meilleur moyen de résoudre le problême. L'Allemagne agit ainsi, et certes son agriculture n'est pas la moins avancée de l'Europe. Dans ce pays, chaque ferme est une école où le jeune agronome vient compléter son éducation, appliquer les principes qui lui ont été démontrés théoriquement et qui ne peuvent, quoiqu'on en dise, l'être que de cette manière, si l'on veut au moins que cette démonstration soit complète et régulière.

rapport, nous nous sommes encore trouvé d'accord avec Mathieu de Dombasle.

Enfin nous avons pensé surtout qu'il pouvait être funeste de procéder par imitation, c'est-à-dire par importation pure et simple de systèmes usités ailleurs : en Angleterre, en Belgique, en Flandre, etc. « On ne fait pas générale- » ment assez d'attention, dit M. Yvart, à la différence de » climat, et à quelques autres circonstances essentielles, » lorsqu'on nous propose indistinctement, et avec un en- » thousiasme souvent plus exalté qu'éclairé, l'adoption de » pratiques agricoles anglaises, ou celles d'autres pays ». Quelle source féconde, effectivement, de désastres agricoles !

Au surplus, Messieurs, ce qui règle la conduite de tous les hommes : c'est la conscience ; et nous avons voulu agir de manière, tout en recommandant le progrès : un progrès sage, raisonnable, compatible avec les circonstances au milieu desquelles nous nous trouvons placés, à ne pas avoir à nous reprocher des mécomptes, des insuccès, que l'autorité de notre position aurait peut-être amenés, si nous avions visé à produire plus d'effet que de bien ; si nous avions voulu, par des descriptions pompeuses ; des résultats exagérés, nous montrer supérieurs aux hommes à qui l'expérience, la réalité, tiennent chaque jour un tout autre langage.

Oui, Messieurs, et nous croyons pouvoir nous en faire un nouveau titre à votre confiance, jamais, non jamais, contrairement à un usage cependant bien commun et, disons-le aussi, que l'approbation du vulgaire ne cesse d'encourager, jamais il n'est sorti de notre bouche un conseil de réforme que nous ne l'ayons immédiatement fait suivre de ces paroles empreintes d'une profonde sagesse, d'une profonde entente des faits agricoles ; de ces paroles de Rougier de la Bergerie : *Essayez !*

§ IV.

RÉSULTATS DE L'ENSEIGNEMENT AGRICOLE.

Le succès des leçons d'agriculture, faites chaque année à Bordeaux depuis 1837, n'a jamais été douteux. Jamais les auditeurs n'ont manqué à l'appel du professeur. Des jeunes gens, des hommes faits, et jusqu'à des vieillards même, dont l'assiduité est devenue souvent pour nous un sujet d'admiration, ont constamment prêté l'oreille à nos paroles, fixé leurs yeux surles expériences diverses, si propres à éclairer ces sortes de démonstrations.

On jugera du reste du prix attaché à cet enseignement, particulièrement de la part des jeunes gens qui sont ceux qui réclament ordinairement ces sortes d'attestations, par les certificats de présence aux leçons(1) que nous avons délivrés depuis l'année 1842 seulement, et qui s'élèvent au nombre de *vingt-neuf*. Ainsi, ce sont vingt-neuf personnes qui ont témoigné du prix qu'elles attachaient au démonstrations agricoles, en réclamant de nous une attestation de leur assiduité à ces démonstrations; qui ont voulu conserver un titre de leurs études, pour le montrer au besoin, pour s'en servir dans la carrière nouvelle qu'ouvrait devant elles ces mêmes études.

---

(1) Ces certificats, signés par le Professeur, portent aussi, comme y devant ajouter plus d'importance, leur donner un caractère officiel, la signature de M. le Préfet de la Gironde.

§ V.

EXCURSIONS DÉPARTEMENTALES.

Depuis que le département avait voulu prendre une certaine part dans le traitement du professeur d'agriculture, nous avions pensé que cet enseignement ne devait plus rester renfermé uniquement dans la ville de Bordeaux et qu'il devenait, dès-lors, aussi juste qu'utile de le transporter de temps en temps dans les différents centres agricoles de ce même pépartement.

En conséquence, dès l'année dernière, et sous les auspices de M. le Préfet, nous tentâmes un premier essai en ce genre dans la ville de Libourne. Le succès qu'il obtint nous a conduit à répéter cette année, chaque dimanche, dans cette ville, les mêmes leçons qu'à Bordeaux : sur la *Connaissance des terres cultivées*.

C'est aussi le vœu émis par le Conseil de cet arrondissement, qui saisit l'an dernier le Conseil-Général de la question d'enseignement agricole étendu à tout le département.

Cette année, toujours favorisé sous ce rapport par M. le Préfet, qui a daigné nous faciliter une correspondance avec les différentes localités dans lesquelles nous avons voulu aller, nous avons renouvelé ces essais. Voici les lieux dans lesquels nous avons été, et les sujets que nous avons traités :

A Créon, le 12 Juin. — *De l'amendement des terres.*

A Blaye, le 23. *id.* — *De l'avantage des plantes fourragères.*

A La Réole, le 1er Juillet. — *De la connaissance et de la classification des terres.*

A Bazas, le 14 Juillet — *Des modes d'exploitation des terres et des perfectionnements possibles avec ceux en usage parmi nous.*

En outre, au moment où paraissait cet écrit, nous avions des engagements pris avec Lesparre, pour le 21 Juillet, avec Monségur, pour le 28, et avec Sauveterre, pour le 30, etc. (1)

L'accueil que nous avons obtenu dans toutes ces localités, l'empressement avec lequel ont été reçues nos paroles, seraient de nature certes à flatter au plus haut point notre amour-propre, s'il pouvait, dans tout cela, être question de nous, et si l'explication de ce succès n'était toute entière dans ces paroles d'un ministre, déjà citées : « De toutes parts en France se fait sentir le besoin de l'enseignement agricole...... »

§ VI.

DES MESURES PROPRES A ASSURER ET A RÉGULARISER LES EXCURSIONS CI-DESSUS MENTIONNÉES, EN VUE D'APPELER TOUT LE DÉPARTEMENT A PROFITER DES BÉNÉFICES DE L'ENSEIGNEMENT AGRICOLE.

Les personnes qui composent principalement notre auditoire à Bordeaux ayant presque toutes des intérêts ou des relations à la campagne, il ne nous est pas possible de pousser notre enseignement annuel au-delà des premiers jours de Mai : bien entendu que, par cette même raison, nous ne faisons, au Carnaval, à Pâques, etc., que les vacances strictement nécessaires : c'est ainsi, du reste, qu'agissent nos savants confrères de Paris.

---

(1) Il est encore plusieurs autres chefs-lieux de cantons dans lesquels nous comptions nous rendre ; mais notre zèle a été trahi par un dérangement de santé, par des fièvres intermittentes qui nous ont enlevé beaucoup de temps.

Ainsi, le temps dont nous pouvons disposer encore chaque année jusqu'à Septembre inclusivement, nous proposons de l'employer à visiter successivement les différents centres agricoles du département, pour y développer en séances publiques, annoncées d'avance, non l'ensemble des principes de la science : ce qui serait impossible, mais des sujets dont l'importance, l'application, peuvent les intéresser d'une manière toute particulière.

A défaut même de l'expérience que nous en avons faite depuis deux ans, et qui a victorieusement démontré tout l'avantage de ce nouveau mode de procéder, nous aurions osé dire, dès le principe, que rien n'est plus propre à assurer, sur la classe agricole, l'action de cette influence morale et positive qui doit la retenir dans sa condition, la pousser dans les voies d'un sage progrès : en lui montrant l'importance, la noblesse de sa mission sociale : en lui signalant les points de sa pratique qui doivent être améliorés : en lui indiquant, toujours avec la prudence qui convient, les moyens capables d'assurer ces améliorations.

La mesure propre à réaliser ce nouveau développement donné à l'enseignement agricole, serait un vote du Conseil-Général qui appliquerait selon sa sagesse à cet objet spécial une portion de la somme départementale dont il dispose, chargerait M. le Préfet de fixer chaque année, concurremment avec le Professeur, les localités que celui-ci devrait visiter, et d'arrêter toutes les autres dispositions secondaires auxquelles donnerait lieu une semblable décision.

Un autre avantage, résultant de ce mode de procéder, ce serait d'assurer au département *une sorte d'inspection agricole* : charge qui a été créée depuis plusieurs années déjà, notamment dans le département de la Loire-Inférieure (1). On comprend effectivement que, forcé d'en visiter les localités, rien ne serait plus facile au Professeur que de fournir chaque année à M. le Préfet et au Conseil-Général, un rapport détaillé sur la situation agricole du département, sur les progrès opérés dans cette partie, sur les mesures les plus propres à seconder ces progrès.

§ VII.

DISTRIBUTIONS DE GRAINES DE GRANDE CULTURE ET D'INSTRUCTIONS PROPRES A EN FACILITER L'ESSAI.

Bien qu'il ne soit pas aussi facile qu'on le croit généralement d'introduire dans nos cultures de nouvelles plantes et de les améliorer par ce moyen, quelquefois cependant, une distribution de graines convenablement choisies peut conduire à des essais dont on a vu sortir d'excellents résultats. D'ailleurs cette provocation est toujours accueillie avec empressement, et tel cultivateur qui n'aurait pas osé couvrir son champ de trèfle, par exemple, sur le seul exemple de son voisin, n'éprouve plus aucune répugnance à agir de la sorte, lorsqu'au moyen de graines qu'il a reçues et de l'expérience qu'il en a faite, il s'est convaincu par lui-même de tous les avantages d'un tel procédé (2).

---

(1) Le département de la Loire-Inférieure a effectivement créé une charge d'*Inspecteur de l'Agriculture*, et c'est à l'honorable M. Neveu-Derotrie qu'il l'a confiée.

(2) Ayant distribué il y a trois ans des graines de *maïs gigantesque de Guyaquil*, nous avons eu la satisfaction de voir, tout récemment, dans l'un des arrondissements du département, un champ entier de ce maïs, provenant de cette distribution.

Cette année notamment, au moyen d'une somme qu'a bien voulu nous accorder pour cela M. le Préfet, nous avons fait, tant à Bordeaux que dans les différentes localités que nous avons visitées, une distribution des graines de plantes fourragères, accompagnée d'une instruction écrite dont nous avons répandu mille exemplaires.

Nous pensons donc qu'une somme réservée annuellement à ce genre d'emploi assurerait d'excellents résultats (1).

---

(1) Peut-être aurions-nous dû mentionner encore, comme preuve de tout ce que nous avons cru devoir faire, pour légitimer la confiance de M. le Ministre de l'Agriculture et la vôtre, Messieurs, les publications agricoles éditées par nos soins et à nos frais, bien qu'il ait été démontré depuis longtemps et que nous ayons reconnu nous-mêmes que ce n'est pas là, très-certainement, un moyen de réaliser des bénéfices. Voici l'indication de ces publications :

1.° *L'Agriculture*, comme source de richesse, comme garantie du repos social : Journal consacré aux progrès de l'agriculture dans la Gironde, avec cette épigraphe qui en fait connaître l'esprit :

> » Le fer qui arme la charrue du laboureur, le fer que la terre polit et émousse par son frottement continuel, est mille fois plus puissant pour maintenir le Monarque sur son trône, pour le mettre à l'abri des attaques et des révolutions qui pourraient le renverser, que celui des lances les plus acérées, des glaives les plus tranchants ».
>
> (*Extrait du Prospectus*).

2.° *Leçons d'Agriculture* faites en 1843-1844 sur *la Connaissance des terres*, principalement du bassin de la Gironde, avec cartes, figures, tableaux, coupes, etc... volume de 3 à 400 pages.

3.° *Tableaux synoptiques de la culture des céréales*, au nombre de quatre, avec figures, résumant tout ce qu'il est nécessaire de savoir sur cette branche capitale de la culture.

Tels sont, MESSIEURS, les détails, les vues, les réflexions, que nous tenions à vous soumettre ; c'est avec la plus entière confiance que nous les livrons à votre examen judicieux ; que nous nous en rapportons, pour ce qu'ils peuvent présenter d'utile, d'applicable, à votre zèle pour l'agriculture, à votre sollicitude éclairée pour le bien du département.

Nous sommes, avec un profond respect,

MESSIEURS,

Votre très-humble et très-obéissant serviteur,

AUG.[te] PETIT-LAFITTE,

Professeur à la Chaire d'Agriculture de Bordeaux, membre de l'Académie Royale des Sciences, des Sociétés d'Agriculture et Linnéenne de la même ville ; correspondant de la Société royale et centrale d'Agriculture de Paris, de la Société industrielle d'Angers, etc...

15 Juillet 1844.

IMPRIMERIE DE TH. LAFARGUE, LIBRAIRE,
Rue Puits-de-Bagne-Cap, 8, à BORDEAUX

www.ingramcontent.com/pod-product-compliance
Lightning Source LLC
LaVergne TN
LVHW052035160826
845678LV00003B/1360

* 9 7 8 2 3 2 9 6 3 7 5 2 5 *